RUPESH KUMAR TIPU
VANDNA BATRA
SUMAN PUNIA

Python no centro: Aprendizagem automática e muito mais

RUPESH KUMAR TIPU
VANDNA BATRA
SUMAN PUNIA

Python no centro: Aprendizagem automática e muito mais

ScienciaScripts

Imprint

Any brand names and product names mentioned in this book are subject to trademark, brand or patent protection and are trademarks or registered trademarks of their respective holders. The use of brand names, product names, common names, trade names, product descriptions etc. even without a particular marking in this work is in no way to be construed to mean that such names may be regarded as unrestricted in respect of trademark and brand protection legislation and could thus be used by anyone.

Cover image: www.ingimage.com

This book is a translation from the original published under ISBN 978-620-7-47469-1.

Publisher:
Sciencia Scripts
is a trademark of
Dodo Books Indian Ocean Ltd. and OmniScriptum S.R.L publishing group

120 High Road, East Finchley, London, N2 9ED, United Kingdom
Str. Armeneasca 28/1, office 1, Chisinau MD-2012, Republic of Moldova, Europe
Printed at: see last page
ISBN: 978-620-7-48999-2

Python no centro: Aprendizagem automática e muito mais

A

Livro

Por

Rupesh Kumar Tipu

Vandna Batra &

Suman

Escola de Engenharia e Tecnologia

K. R. Mangalam University

Gurugram, Haryana, Índia

Conteúdo

PREFÁCIO

Bem-vindo a uma exploração abrangente do mundo transformador de Python nos domínios da ciência de dados e da aprendizagem automática. Este livro foi concebido para ser o seu guia, quer esteja apenas a começar ou a procurar aprofundar os seus conhecimentos nos sofisticados campos da aprendizagem automática (ML) e do processamento de linguagem natural (NLP), tudo através da lente versátil e poderosa da programação Python.

O Python emergiu como uma língua franca para cientistas de dados e engenheiros de aprendizagem automática em todo o mundo, celebrado pela sua simplicidade, legibilidade e vasto ecossistema de bibliotecas e estruturas. Este livro tem como objetivo aproveitar estes pontos fortes, oferecendo aos leitores uma compreensão completa, desde os conceitos fundamentais até às técnicas avançadas de aprendizagem automática e PNL, enriquecida com a aplicação prática do Python em cada etapa.

A jornada começa com os fundamentos do Python para a ciência de dados, com base no perspicaz "Python Data Science Handbook" de VanderPlas (2016) e no trabalho autoritário de McKinney (2017) sobre análise de dados com Python, garantindo que você tenha uma base sólida nas ferramentas e práticas que sustentam o trabalho eficaz da ciência de dados. Grus (2019) fornece uma base adicional, oferecendo uma compreensão dos princípios da ciência de dados essenciais para dominar o campo.

Ao mergulharmos na aprendizagem automática, o texto de Géron (2019) é um pilar, oferecendo experiência prática com Scikit-Learn, Keras e TensorFlow, guiando-o através do panorama da aprendizagem automática contemporânea. Em complemento, Raschka & Mirjalili (2019) fazem a ponte entre a teoria e a prática, fornecendo uma abordagem prática à aprendizagem automática e à aprendizagem profunda utilizando o rico ecossistema Python.

A aprendizagem profunda, um subconjunto de ML que redefiniu o que é possível na IA, é explorada através da lente de Goodfellow et al. (2016), oferecendo um mergulho profundo nas metodologias que permitem às máquinas aprender e tomar decisões de forma independente. O trabalho de Chollet (2018) desmistifica ainda mais a aprendizagem profunda, particularmente com Python, fornecendo informações acessíveis e profundas sobre o desenvolvimento de modelos de aprendizagem profunda.

A exploração da aprendizagem por reforço, um paradigma em que as máquinas aprendem interagindo com o seu ambiente, baseia-se no texto seminal de Sutton & Barto (2018). A sua introdução abrangente aos conceitos de aprendizagem por reforço é inestimável para compreender os algoritmos de otimização avançados e as suas aplicações em Python, conforme discutido mais tarde no livro.

A aprendizagem automática não se trata apenas de algoritmos e codificação; trata-se também de tomar decisões informadas relativamente aos algoritmos a utilizar e à forma de os aplicar eficazmente. Provost & Fawcett (2013) e Burkov (2019) oferecem perspectivas essenciais sobre o lado empresarial e decisório da aprendizagem automática, garantindo que os leitores apreciam o contexto mais amplo e as implicações práticas do seu trabalho técnico.

À medida que nos aventuramos na PNL, exploramos a forma como o Python pode ser utilizado para processar e analisar dados de linguagem humana, transformando o texto em conhecimentos accionáveis. Este livro abrange aplicações e técnicas significativas de PNL, guiadas pelas estruturas práticas e bibliotecas disponíveis no ecossistema Python.

Finalmente, o livro encerra com estudos de caso e aplicações reais, ilustrando a utilização impactante de Python na resolução de problemas complexos de ciência de dados, apoiados por exemplos de obras de renome como Jordan & Mitchell (2015) e Domingos (2015), que fornecem uma perspetiva de futuro sobre as tendências e direcções na aprendizagem automática.

Este livro é mais do que apenas um guia técnico; é uma viagem abrangente ao mundo do Python para ciência de dados e aprendizagem automática. Foi concebido para o equipar com os conhecimentos, as competências e a visão para aplicar Python de forma eficaz nestas áreas, encorajando-o a explorar, experimentar e destacar-se nos seus empreendimentos, quer sejam académicos, profissionais ou puramente motivados pela curiosidade.

Obrigado por escolher este livro como seu companheiro nesta emocionante viagem. Vamos embarcar juntos nesta aventura, com Python como a nossa ferramenta versátil e poderosa, desbloqueando as vastas possibilidades que a ciência de dados e a aprendizagem automática têm para oferecer.

## CHAPTER 1

Fundamentos de Python

1.1 Introdução ao Python

Python é uma linguagem de programação interpretada de alto nível, conhecida pela sua simplicidade e elegância. Concebida por Guido van Rossum e lançada pela primeira vez em 1991, a filosofia da Python enfatiza a legibilidade do código e a simplicidade da sintaxe, tornando-a uma linguagem ideal tanto para principiantes como para especialistas. A sua extensa biblioteca padrão, ecossistema abrangente e suporte para múltiplos paradigmas de programação, incluindo programação processual, orientada para objectos e funcional, contribuíram para a sua adoção generalizada em diversos campos, desde o desenvolvimento web à computação científica e inteligência artificial.

A sintaxe simples da linguagem permite que os programadores expressem conceitos em menos linhas de código, em comparação com outras linguagens, como C++ ou Java. A natureza interpretativa do Python permite testes e iteração rápidos, o que é uma vantagem durante o processo de desenvolvimento. Além disso, a comunidade grande e ativa de Python contribui continuamente para a sua vasta seleção de bibliotecas e estruturas, alargando as suas funcionalidades a várias aplicações.

1.2 Conceitos fundamentais de Python

No centro da facilidade de utilização do Python estão os seus conceitos fundamentais que garantem que os programadores podem trabalhar com uma sintaxe clara e intuitiva e abstracções poderosas. Os principais conceitos incluem:

- **Variáveis e tipos de dados**: Python é tipado dinamicamente, o que significa que não precisa de declarar variáveis antes de as utilizar. Suporta vários tipos de dados, incluindo inteiros, flutuantes, cadeias de caracteres e booleanos, juntamente com estruturas de dados complexas como listas, tuplas, dicionários e conjuntos.

- **Estruturas de controlo**: Estas incluem instruções if, loops for e while e blocos try-except, permitindo a execução de código com base em condições específicas e possibilitando a execução repetitiva e o tratamento de excepções.

- **Funções**: As funções em Python são definidas utilizando a palavra-chave **def** e são cidadãos de primeira classe, o que significa que podem ser transmitidas e utilizadas como objectos.

- **Classes e Objectos**: Python suporta programação orientada a objectos com classes e objectos. As classes definem o modelo dos objectos, encapsulando os dados do objeto.

- **Módulos e Pacotes**: A modularização e reutilização de código em Python são alcançadas através de módulos e pacotes, que são simplesmente ficheiros e directórios de código Python, respetivamente.

1.3 Características avançadas do Python

Para além do básico, Python oferece funcionalidades avançadas que respondem a necessidades de programação mais sofisticadas:

- **Compreensões**: Python suporta compreensões de listas, dicionários e conjuntos, permitindo-lhe escrever código simples e expressivo para gerar novas colecções.

- **Decoradores**: Estes são uma forma poderosa de modificar o comportamento de funções ou classes. Os decoradores permitem a extensão da funcionalidade de um objeto sem modificar a sua estrutura.

- **Geradores e Iteradores**: Com estas funcionalidades, Python fornece uma forma de implementar a avaliação preguiçosa, produzindo itens um de cada vez e apenas quando necessário, optimizando assim a utilização de memória e a eficiência computacional.

- **Gerenciadores de contexto**: Utilizados com a instrução **with**, eles fornecem uma maneira conveniente de adquirir e liberar recursos, garantindo que as ações de configuração e limpeza sejam executadas de forma confiável.

1.4 Ambientes de desenvolvimento Python

A escolha de um ambiente de desenvolvimento em Python depende em grande parte da preferência pessoal e da natureza do projeto. As opções mais populares incluem:

- **IDLE**: Ambiente de Desenvolvimento e Aprendizagem Integrado do Python, que vem incluído no Python, oferecendo um editor simples e leve.

- **Jupyter Notebooks**: Muito populares na ciência dos dados, permitem-lhe combinar código Python executável, equações, visualizações e texto narrativo.

- **Ambientes de Desenvolvimento Integrado (IDEs)**: IDEs profissionais como PyCharm, Visual Studio Code e Eclipse com PyDev oferecem ferramentas robustas para codificar, depurar e testar aplicações Python.

- **Editores de texto**: Sublime Text, Atom, e Vim/Emacs configurados com plugins Python podem ser configurações leves mas poderosas para o desenvolvimento Python.

Quer seja um programador principiante ou um programador experiente, a versatilidade do Python garante que tem algo para oferecer a todos. As suas características abrangentes, aliadas a uma comunidade de apoio e a uma infinidade de recursos, fazem do Python não apenas uma linguagem de programação, mas um vasto ecossistema de desenvolvimento e inovação.

## CHAPTER 2

O ecossistema Python para a computação científica

2.1 Bibliotecas Python essenciais

O ecossistema Python é rico em bibliotecas concebidas para facilitar a computação científica e a análise de dados, fornecendo ferramentas poderosas que são amplamente utilizadas no meio académico, na indústria e na investigação. Estas bibliotecas não só oferecem implementações eficientes de algoritmos padrão, como também promovem um ambiente de colaboração que incentiva a partilha e o desenvolvimento de soluções inovadoras. As bibliotecas essenciais incluem:

- **NumPy**: O pacote fundamental para computação numérica em Python. Fornece suporte para grandes matrizes e matrizes multidimensionais, juntamente com uma coleção de funções matemáticas para operar nestas matrizes.

- **SciPy**: Construído com base no NumPy, o SciPy acrescenta funcionalidades significativas com os seus módulos de otimização, álgebra linear, integração, interpolação, funções especiais, FFT, processamento de sinais e muito mais, tornando-o uma ferramenta indispensável para a computação científica e técnica.

- **Pandas**: Uma poderosa biblioteca de manipulação e análise de dados que oferece estruturas de dados como o DataFrame, tornando incrivelmente fácil a manipulação e o processamento de dados estruturados.

- **Matplotlib**: A principal biblioteca de plotagem em Python, fornece uma interface semelhante à do MATLAB e é altamente personalizável para criar visualizações estáticas, animadas e interactivas em Python.

- **Scikit-learn**: Uma ferramenta simples e eficiente para extração e análise de dados baseada em NumPy, SciPy e Matplotlib. É amplamente utilizada para tarefas de aprendizagem automática, como classificação, regressão, agrupamento e redução da dimensionalidade.

- **IPython e Jupyter**: Ferramentas para computação interactiva que oferecem um rico conjunto de ferramentas para a visualização e exploração interactiva de dados, depuração e publicação de meios de comunicação ricos.

2.2 Manipulação de dados com Pandas

O Pandas destaca-se no ecossistema Python como a biblioteca de referência para operações de dados estruturados. Simplifica as tarefas de manipulação, limpeza, exploração e análise de dados, fornecendo:

- **Objeto DataFrame**: Uma estrutura de dados bidimensional rotulada com colunas que podem ser de diferentes tipos, semelhante a uma tabela SQL ou a uma folha de cálculo Excel.

- **Objeto de série**: Uma matriz unidimensional rotulada capaz de conter qualquer tipo de dados.

- **Ferramentas poderosas de manipulação de dados**: Incluindo fusão, remodelação, seleção, bem como funcionalidades de limpeza de dados, como o preenchimento de valores em falta ou a eliminação de linhas/colunas.

- **Funcionalidade de séries temporais**: Fácil manuseamento e manipulação de dados de séries temporais, incluindo geração de intervalos de datas, conversão de frequências, estatísticas de janelas móveis e deslocação de datas.

2.3 Computação numérica com NumPy

O NumPy é a pedra angular da computação numérica em Python. Ele fornece:

- **Objeto de matriz multidimensional** (`ndarray`): Um contentor rápido e flexível para grandes conjuntos de dados em Python. As matrizes permitem operações vectorizadas, computação por elementos e capacidades de transmissão.

- **Funções matemáticas eficientes**: Uma coleção abrangente de funções matemáticas para efetuar cálculos de elementos em arrays ou operações matemáticas complexas, como álgebra linear, decomposições de matrizes e muito mais.

- **Integração com C/C++**: A capacidade de integrar código C/C++ e Fortran para obter ainda mais eficiência em tarefas computacionais.

2.4 Visualização com Matplotlib e Seaborn

A visualização eficaz é crucial para interpretar dados e comunicar resultados. O Python oferece bibliotecas de visualização poderosas:

- **Matplotlib**: Fornece uma grande variedade de gráficos, desde histogramas a gráficos de dispersão e gráficos de barras. A sua flexibilidade permite a personalização até ao mais ínfimo pormenor, tornando-o adequado para a criação de gráficos de alta qualidade para publicação.

- **Seaborn**: Construído sobre o Matplotlib, o Seaborn introduz tipos de gráficos adicionais e simplifica o processo de criação de visualizações complexas. É particularmente adequado para a visualização de dados estatísticos e foi concebido para funcionar bem com estruturas de dados Pandas.

O ecossistema Python, com o seu conjunto abrangente de bibliotecas, é uma ferramenta indispensável para cientistas, investigadores e analistas de dados. Ao tirar partido destas bibliotecas, os utilizadores podem realizar tarefas sofisticadas de computação científica, manipulação de dados e visualização com eficiência, flexibilidade e facilidade.

CHAPTER 3: Introdução à aprendizagem automática com Python

3.1 Compreender a aprendizagem automática

A aprendizagem automática (ML) é um subconjunto da inteligência artificial que permite aos sistemas aprender com os dados, identificar padrões e tomar decisões com o mínimo de intervenção humana. Trata-se fundamentalmente de criar modelos matemáticos para ajudar a compreender os dados. Neste contexto, "aprender" significa reconhecer padrões complexos e tomar decisões inteligentes com base nos mesmos. Na sua essência, a aprendizagem automática é a prática de utilizar algoritmos para analisar dados, aprender com eles e, em seguida, fazer uma determinação ou previsão sobre algo no mundo.

A aprendizagem automática é amplamente utilizada para uma série de tarefas, como o reconhecimento de imagens, a filtragem de correio eletrónico, o reconhecimento de voz e muitas outras, em que é difícil ou inviável desenvolver algoritmos convencionais para realizar as tarefas necessárias.

3.2 Aprendizagem supervisionada vs não supervisionada

As tarefas de aprendizagem automática são normalmente classificadas em dois tipos principais, consoante a natureza do "sinal" ou "feedback" de aprendizagem disponível para um sistema de aprendizagem:

- **Aprendizagem supervisionada**: O tipo mais comum de aprendizagem automática, em que existem variáveis de entrada (X) e uma variável de saída (Y), e é utilizado um algoritmo para aprender a função de mapeamento da entrada para a saída. O objetivo é aproximar a função de mapeamento tão bem que, quando se tem novos dados de entrada (X), é possível prever as variáveis de saída (Y) para esses dados. Chama-se aprendizagem supervisionada porque o processo de aprendizagem de um algoritmo a partir do conjunto de dados de treino pode ser considerado como um professor que supervisiona o processo de aprendizagem.

- **Aprendizagem não supervisionada**: Em contrapartida, a aprendizagem não supervisionada envolve a formação de um algoritmo em dados sem rótulos, o que significa que o sistema tenta aprender sem qualquer supervisão. O objetivo é modelar a estrutura subjacente ou a distribuição nos dados para aprender mais sobre os dados. O sistema é deixado por sua conta para encontrar a estrutura na sua entrada. A aprendizagem não supervisionada pode ser um objetivo em si (descobrir padrões ocultos nos dados) ou um meio para atingir um fim (aprendizagem de características).

3.3 Bibliotecas essenciais de aprendizagem automática em Python

Python oferece um vasto conjunto de bibliotecas para aprendizagem automática, cada uma com os seus pontos fortes e especializações:

- **Scikit-learn**: Provavelmente a biblioteca mais útil para aprendizado de máquina em Python. Fornece uma gama de algoritmos de aprendizagem supervisionada e não supervisionada através de uma interface consistente em Python. É conhecida pela sua simplicidade e eficiência, bem como pela sua ampla utilização em vários domínios da aprendizagem automática.

- **TensorFlow**: Uma plataforma de ponta a ponta para aprendizagem automática que permite criar e implementar facilmente aplicações de aprendizagem automática. É especialmente conhecida pelas suas capacidades de aprendizagem profunda.

- **PyTorch**: Conhecido pela sua flexibilidade e pelo seu gráfico computacional dinâmico, é particularmente indicado para aplicações que requerem gráficos computacionais complexos e de comprimento variável, e é amplamente utilizado na investigação de aprendizagem profunda.

- **XGBoost**: Uma biblioteca optimizada de reforço de gradiente distribuído concebida para ser altamente eficiente, flexível e portátil. Implementa algoritmos de aprendizado de máquina sob a estrutura Gradient Boosting.

3.4 Criar o seu primeiro modelo de aprendizagem automática

Construir o seu primeiro modelo de aprendizagem automática é uma viagem emocionante à aplicação prática das teorias e conceitos que aprendeu. Aqui, vamos percorrer os passos de implementação Python para criar um modelo básico de aprendizagem automática utilizando uma biblioteca popular, Scikit-learn, que é conhecida pela sua simplicidade e eficácia no tratamento de tais tarefas.

Etapa 1: Recolha de dados

Primeiro, vamos assumir que tem um conjunto de dados pronto. Vamos utilizar um conjunto de dados incorporado do Scikit-learn para demonstração:

```python
from sklearn.datasets import load_iris

data = load_iris()

X, y = data.data, data.target
```

Etapa 2: Pré-processamento de dados

Nesta etapa, garante-se que os dados estão limpos e são adequados para treinar um modelo. Isto pode envolver a normalização dos dados, a codificação de variáveis categóricas ou o tratamento de valores em falta. Para o nosso conjunto de dados, o pré-processamento pode ser mínimo, uma vez que já está limpo:

```python
from sklearn.model_selection import train_test_split


# Split the data into training and test sets
X_train, X_test, y_train, y_test = train_test_split(X, y, test_size=0.2,
random_state=42)
```

Passo 3: Escolher um modelo

Seleccione um modelo adequado ao seu problema. Iremos utilizar a Regressão Logística, um bom ponto de partida para problemas de classificação:

```python
from sklearn.linear_model import LogisticRegression

model = LogisticRegression()
```

Passo 4: Treinar o modelo

Treinar o modelo implica ajustá-lo aos dados:

```python
model.fit(X_train, y_train)
```

Etapa 5: Avaliar o modelo

Depois de treinar o modelo, avaliar o seu desempenho no conjunto de teste:

```python
from sklearn.metrics import accuracy_score

y_pred = model.predict(X_test)
accuracy = accuracy_score(y_test, y_pred)
print(f"Model Accuracy: {accuracy:.2f}")
```

Passo 6: Afinação e otimização de parâmetros

Poderá querer melhorar o seu modelo, ajustando os seus parâmetros. GridSearchCV é uma ferramenta que permite definir uma grelha de parâmetros que serão pesquisados utilizando a validação cruzada K-fold:

```python
from sklearn.model_selection import GridSearchCV

param_grid = {'C': [0.1, 1, 10], 'solver': ['liblinear']}
grid_search = GridSearchCV(LogisticRegression(), param_grid, cv=5)
grid_search.fit(X_train, y_train)


best_model = grid_search.best_estimator_
```

Passo 7: Implementar o modelo

O modelo final pode então ser utilizado para efetuar previsões com base em novos dados:

```python
new_predictions = best_model.predict(new_data)
```

Neste guia passo-a-passo, viu como construir um modelo básico de aprendizagem automática utilizando Python e Scikit-learn. Este processo envolve a compreensão dos dados, a sua preparação para um modelo, a seleção do algoritmo correto e a avaliação do seu desempenho. Cada passo é crucial para desenvolver um modelo de aprendizagem automática robusto. À medida que se sentir mais à vontade com estes passos, pode explorar algoritmos mais complexos, conjuntos de dados maiores e técnicas mais sofisticadas para melhorar os seus modelos.

4.1 Fundamentos das redes neurais

As redes neuronais constituem a espinha dorsal da aprendizagem profunda, simulando a forma como um cérebro humano funciona para permitir que as máquinas aprendam a partir de dados observacionais. No seu núcleo, uma rede neural consiste em camadas de nós ou neurónios interligados, em que cada ligação representa um peso sináptico que é ajustável durante o treino. Os conceitos fundamentais incluem:

- **Neurónios**: As unidades básicas de uma rede neuronal, análogas às células nervosas do cérebro, que recebem inputs, processam-nos e geram outputs.

- **Funções de ativação**: Funções como ReLU, sigmoide e tanh que introduzem propriedades não-lineares à rede, permitindo que ela aprenda padrões complexos.

- **Camadas**: Incluindo as camadas de entrada, oculta e de saída, estruturam a rede. A camada de entrada recebe os dados, as camadas ocultas processam-nos e a camada de saída produz a previsão.

- **Propagação direta**: O processo de fluxo de dados através da rede da entrada para a saída, permitindo que a rede faça previsões.

- **Retropropagação**: Um método utilizado para atualizar os pesos da rede, calculando o gradiente da função de perda em relação a cada peso através da regra da cadeia, essencialmente "treinando" a rede.

4.2 Estruturas para aprendizagem profunda: TensorFlow e PyTorch

Dois dos quadros mais populares para a aprendizagem profunda são o TensorFlow e o PyTorch, cada um com as suas características e capacidades únicas:

- **TensorFlow**: Desenvolvido pela Google, oferece ferramentas e bibliotecas robustas e flexíveis para criar e implementar modelos de aprendizagem automática. É conhecido pelo seu forte apoio na implementação de modelos de produção, especialmente em vários hardwares, e fornece um extenso ecossistema de ferramentas para preparar dados, treinar e servir modelos.

- **PyTorch**: Criado pelo Facebook, é célebre pela sua simplicidade, facilidade de utilização e gráfico computacional dinâmico, que permite flexibilidade na construção de modelos complexos. É particularmente favorecido na comunidade de investigação pela sua sintaxe intuitiva e utilização eficiente da memória.

Ambas as estruturas fornecem bibliotecas abrangentes para a construção de redes neuronais, juntamente com uma grande quantidade de modelos pré-treinados e ferramentas e código contribuídos pela comunidade.

4.3 Conceber e treinar redes neurais profundas

A conceção de uma rede neural profunda envolve a configuração das camadas, das funções de ativação, do optimizador e da função de perda para se adequar ao problema específico em causa. O processo de treinamento normalmente segue estas etapas:

- **Inicialização**: Definir a arquitetura da rede neuronal, incluindo o número de camadas, os tipos de camadas (densas, convolucionais, recorrentes) e as funções de ativação.

- **Compilação**: Seleccione a função de perda que o modelo irá minimizar e escolha um optimizador, que determina a forma como a rede será actualizada com base na função de perda.

- **Treino**: Alimentar a rede com dados de treino, permitindo-lhe aprender com os seus erros através da retropropagação. Isso geralmente é feito em lotes ao longo de várias épocas.

- **Avaliação**: Avaliar o desempenho do modelo utilizando dados de validação, ajustando o modelo conforme necessário para melhorar a sua generalização para dados não vistos.

4.4 Redes neurais convolucionais para processamento de imagens

As redes neuronais convolucionais (CNN) são um tipo especializado de rede neuronal para o processamento de dados com uma topologia semelhante a uma grelha, como as imagens. As CNN foram concebidas para aprender automaticamente e de forma adaptativa hierarquias espaciais de características, desde padrões de baixo nível até padrões de alto nível. Os principais conceitos incluem:

- **Camadas convolucionais**: Estas camadas efectuam uma operação de convolução, passando um filtro sobre os dados de entrada, capturando características espaciais como arestas e formas.

- **Camadas de pooling**: Frequentemente a seguir às camadas convolucionais, reduzem a dimensionalidade dos dados, ajudando a diminuir a carga computacional e o sobreajuste ao resumir a presença de características.

- **Camadas totalmente conectadas**: Após várias camadas convolucionais e de pooling, o raciocínio de alto nível na rede neuronal é efectuado através de camadas totalmente ligadas, que produzem as previsões de classificação final.

O treino de uma CNN envolve a utilização de retropropagação e descida de gradiente ou suas variantes para atualizar os filtros/kernels nas camadas convolucionais, juntamente com os pesos nas camadas totalmente ligadas, minimizando uma função de perda para melhorar a precisão do modelo.

A aprendizagem profunda, com a sua capacidade de aprender representações hierárquicas e a sua adaptabilidade em vários domínios, representa um salto significativo na capacidade das máquinas para realizar tarefas de perceção semelhantes às humanas, tornando-a uma tecnologia fundamental na atual revolução da IA. Através de quadros como o TensorFlow e o PyTorch, juntamente com metodologias para conceber e treinar redes neuronais, os profissionais têm à sua disposição as ferramentas necessárias para aproveitar o poder da aprendizagem profunda.

5.1 Métodos de conjunto e florestas aleatórias

Os métodos de conjunto combinam as previsões de vários estimadores de base construídos com um determinado algoritmo de aprendizagem para melhorar a generalização e a robustez em relação a um único estimador. Um dos métodos de conjunto mais populares é o Random Forest, que consiste num grande número de árvores de decisão individuais que funcionam como um conjunto.

Cada árvore individual na Floresta Aleatória emite uma previsão de classe, e a classe com mais votos torna-se a previsão do modelo. O conceito fundamental é que um grupo de modelos fracos pode juntar-se para formar um modelo forte.

5.1.1 *Implementação Python com Scikit-learn:*

```python
from sklearn.ensemble import RandomForestClassifier

from sklearn.datasets import load_iris

from sklearn.model_selection import train_test_split


# Load dataset

data = load_iris()

X, y = data.data, data.target


# Split dataset

X_train, X_test, y_train, y_test = train_test_split(X, y, test_size=0.3,
random_state=42)

# Initialize and train the Random Forest

clf = RandomForestClassifier(n_estimators=100, random_state=42)

clf.fit(X_train, y_train)


# Evaluate the model
```

```python
accuracy = clf.score(X_test, y_test)

print(f"Accuracy: {accuracy:.2f}")
```

5.2 Máquinas de vetor de suporte

As máquinas de vectores de suporte (SVM) são um conjunto de métodos de aprendizagem supervisionada utilizados para classificação, regressão e deteção de anomalias. As vantagens das SVMs incluem a sua eficácia em espaços de elevada dimensão e a sua versatilidade, uma vez que podem ser especificadas diferentes funções de Kernel para a função de decisão.

5.2.1 *Implementação Python com Scikit-learn:*

```python
from sklearn import svm

from sklearn.datasets import load_iris

from sklearn.model_selection import train_test_split


# Load dataset

data = load_iris()

X, y = data.data, data.target


# Split dataset

X_train, X_test, y_train, y_test = train_test_split(X, y, test_size=0.3,
random_state=42)

# Initialize and train the SVM

model = svm.SVC(kernel='linear') # Linear Kernel

model.fit(X_train, y_train)


# Evaluate the model

accuracy = model.score(X_test, y_test)

print(f"Accuracy: {accuracy:.2f}")
```

5.3 Técnicas de redução de dimensionalidade

As técnicas de redução da dimensionalidade ajudam a reduzir o número de variáveis aleatórias em consideração, obtendo um conjunto de variáveis principais. A análise de componentes principais (PCA) é uma das técnicas mais utilizadas. Transforma os dados para um novo sistema de coordenadas, reduzindo a dimensionalidade e mantendo a maior parte da variação dos dados.

5.3.1 *Implementação Python com Scikit-learn:*

```python
from sklearn.decomposition import PCA
from sklearn.datasets import load_iris


# Load dataset
data = load_iris()
X = data.data


# Initialize and apply PCA
pca = PCA(n_components=2)  # reduce to 2 dimensions
X_reduced = pca.fit_transform(X)


print(X_reduced.shape)  # should print (150, 2)
```

5.4 Otimização e afinação de hiperparâmetros

A afinação de hiperparâmetros é o processo de seleção de um conjunto de hiperparâmetros óptimos para um algoritmo de aprendizagem. Um método comum para a otimização de hiperparâmetros é a Pesquisa em Grelha, que pesquisa exaustivamente um subconjunto do espaço de hiperparâmetros especificado manualmente.

5.4.1 *Implementação em Python com o GridSearchCV do Scikit-learn:*

```python
from sklearn.model_selection import GridSearchCV
from sklearn.svm import SVC
from sklearn.datasets import load_iris
from sklearn.model_selection import train_test_split


# Load dataset
data = load_iris()
X, y = data.data, data.target


# Split dataset
X_train, X_test, y_train, y_test = train_test_split(X, y, test_size=0.3,
random_state=42)

# Define parameter grid
param_grid = {'C': [0.1, 1, 10, 100], 'gamma': [1, 0.1, 0.01, 0.001],
'kernel': ['rbf', 'poly', 'sigmoid']}


# Run Grid Search
grid = GridSearchCV(SVC(), param_grid, refit=True, verbose=2)

grid.fit(X_train, y_train)


# Print best parameters and evaluate on the test set
print("Best parameters found: ", grid.best_params_)

grid_predictions = grid.predict(X_test)

accuracy = grid.score(X_test, y_test)

print(f"Accuracy: {accuracy:.2f}")
```

CHAPTER 6: Otimizar os fluxos de trabalho de aprendizagem automática

6.1 Pré-processamento de dados e engenharia de características

O pré-processamento eficaz de dados e a engenharia de características são fundamentais para a criação de modelos robustos de aprendizagem automática. Esta fase envolve a transformação dos dados em bruto num formato mais adequado para a modelação e pode melhorar significativamente o desempenho do modelo.

6.1.1 *Passos fundamentais em Python:*

- **Tratamento de valores em falta**: Imputar valores em falta utilizando estratégias como a média, a mediana ou a moda.

```python
from sklearn.impute import SimpleImputer

import numpy as np


imputer = SimpleImputer(missing_values=np.nan, strategy='mean')
X = [[7, 2, np.nan], [4, np.nan, 6], [10, 5, 9]]
print(imputer.fit_transform(X))
```

- **Codificação de variáveis categóricas**: Converter categorias em números utilizando a codificação de um ponto ou a codificação de etiquetas.

```python
from sklearn.preprocessing import OneHotEncoder


encoder = OneHotEncoder(sparse=False)
X = [['Male', 1], ['Female', 3], ['Female', 2]]
print(encoder.fit_transform(X))
```

- **Escala de características**: Padronize ou normalize seus dados.

```python
from sklearn.preprocessing import StandardScaler


scaler = StandardScaler()
X = [[0, 15], [1, -10], [2, 20]]
print(scaler.fit_transform(X))
```

- **Seleção de características**: Selecionar as características mais relevantes para reduzir a dimensionalidade e melhorar o desempenho do modelo.

```python
from sklearn.feature_selection import SelectKBest, f_classif


X, y = [[1, 2, 3, 4], [5, 6, 7, 8], [9, 10, 11, 12]], [0, 1, 0]
selector = SelectKBest(f_classif, k=2)
X_new = selector.fit_transform(X, y)
print(X_new)
```

6.2 Avaliação e validação do modelo

Avaliar e validar o seu modelo é crucial para garantir o seu desempenho e generalização. Isto implica a utilização de várias métricas e metodologias para verificar a eficácia do modelo na realização de previsões em dados não vistos.

6.2.1 *Implementação Python:*

- **Dividir o conjunto de dados**: Divida os seus dados em conjuntos de treino e de teste.

```python
from sklearn.model_selection import train_test_split

X, y = [[1, 2], [3, 4], [5, 6], [7, 8]], [0, 1, 0, 1]

X_train, X_test, y_train, y_test = train_test_split(X, y, test_size=0.2,
random_state=42)
```

- **Validação cruzada**: Utilizar a validação cruzada para avaliar a robustez do modelo.

```python
from sklearn.model_selection import cross_val_score

from sklearn.ensemble import RandomForestClassifier


clf = RandomForestClassifier(random_state=42)

scores = cross_val_score(clf, X, y, cv=5)

print("Accuracy:", np.mean(scores))
```

- **Matriz de confusão**: Avaliar o desempenho da classificação.

```python
from sklearn.metrics import confusion_matrix

from sklearn.svm import SVC


clf = SVC(random_state=42).fit(X_train, y_train)

y_pred = clf.predict(X_test)

print(confusion_matrix(y_test, y_pred))
```

6.3 Algoritmos avançados de otimização na aprendizagem automática

Os algoritmos de otimização desempenham um papel vital na afinação dos modelos de aprendizagem automática. Os algoritmos avançados incluem:

- **Variantes do Gradiente Descendente**: Tais como SGD, AdaGrad, RMSProp, Adam, que ajustam os parâmetros do modelo iterativamente para minimizar a função de custo.

- **Otimização Bayesiana**: Utiliza um modelo probabilístico para prever o desempenho de um modelo e selecciona os parâmetros mais promissores para avaliar no modelo real.

- **Algoritmos genéticos**: Imitam os processos evolutivos naturais, fornecendo um método robusto de pesquisa em grandes espaços de parâmetros.

Não é fornecido aqui nenhum excerto de código direto, uma vez que a implementação envolve frequentemente a utilização destas técnicas no processo de formação ou a utilização de bibliotecas especializadas, como o `scikit-optimize` para otimização bayesiana ou o `tpot` para algoritmos genéticos.

6.4 Automatização de pipelines de aprendizagem automática

Automatizar o processo de treinamento, ajuste e avaliação de modelos de aprendizado de máquina pode economizar tempo e reduzir erros. O objeto Scikit-learn Pipeline é uma ferramenta útil para automatizar fluxos de trabalho.

Implementação Python:

```python
from sklearn.pipeline import Pipeline

from sklearn.preprocessing import StandardScaler

from sklearn.decomposition import PCA

from sklearn.ensemble import RandomForestClassifier


# Define a pipeline
pipeline = Pipeline([
    ('scaler', StandardScaler()),
```

```python
    ('pca', PCA(n_components=2)),
    ('classifier', RandomForestClassifier())
])

# Run the pipeline
pipeline.fit(X_train, y_train)

# Evaluate the model using the test data
y_pred = pipeline.predict(X_test)

# Import necessary metrics for evaluation
from sklearn.metrics import classification_report, accuracy_score
# Print model accuracy
print("Accuracy:", accuracy_score(y_test, y_pred))

# Detailed classification report
print(classification_report(y_test, y_pred))
```

A pontuação de precisão fornece uma visão rápida da correção geral do modelo, enquanto o relatório de classificação fornece uma análise mais detalhada, incluindo a precisão, a recuperação, a pontuação f1 e o suporte para cada classe.

Outros passos podem envolver:

- **Interpretação do modelo**: Compreender a importância das características ou o motivo pelo qual o modelo está a fazer determinadas previsões, o que pode ser crucial para determinadas aplicações.

- **Afinação do modelo**: Ajuste dos hiperparâmetros para otimizar o desempenho. Isto pode envolver uma pesquisa em grelha ou uma pesquisa aleatória no próprio pipeline, permitindo a otimização de todo o fluxo de trabalho, desde o pré-processamento até à formação do modelo.

- **Validação cruzada**: Implementar a validação cruzada para garantir que o desempenho do modelo é estável em diferentes subconjuntos de dados.

- **Persistência de modelo**: Salvar o pipeline treinado para uso posterior, o que pode ser particularmente útil em ambientes de produção.

Eis como pode incluir estes passos:

```python
from sklearn.model_selection import cross_val_score
import joblib


# Cross-validation
scores = cross_val_score(pipeline, X, y, cv=5)
print("Cross-validated accuracy:", np.mean(scores))


# Save the model pipeline
joblib.dump(pipeline, 'model_pipeline.pkl')


# Load the model pipeline (for future use)
loaded_pipeline = joblib.load('model_pipeline.pkl')


# Making predictions with the loaded pipeline
new_predictions = loaded_pipeline.predict(new_data)
```

Estas etapas adicionais completam o fluxo de trabalho da aprendizagem automática, encapsulando o processo de ponta a ponta, desde os dados em bruto até um modelo implementável. Esta abordagem abrangente, facilitada pelo ecossistema Python e, especificamente, pelo Scikit-learn, demonstra o poder e a flexibilidade dos pipelines automatizados de aprendizagem automática no tratamento eficiente do ciclo de vida de desenvolvimento do modelo.

CHAPTER 7: Explorar o processamento de linguagem natural (PNL)

7.1 Fundamentos da PNL

O Processamento de Linguagem Natural (PNL) situa-se na intersecção entre a informática, a inteligência artificial e a linguística. Trata-se de permitir que os computadores compreendam, interpretem e produzam línguas humanas. O objetivo fundamental é extrair significado de texto ou discurso e possivelmente gerar respostas semelhantes às humanas. Os conceitos-chave incluem:

- **Tokenização**: Dividir o texto em partes mais pequenas, chamadas tokens, normalmente palavras ou frases.

- **Normalização**: Conversão de texto para um formato mais uniforme, como letras minúsculas ou stemming (redução de palavras à sua forma de raiz).

- **Marcação de parte do discurso**: Identificar a parte do discurso para cada palavra no seu texto (verbos, substantivos, adjectivos, etc.).

- **Reconhecimento de entidades nomeadas (NER)**: Detetar e classificar informações-chave (entidades) no texto em categorias predefinidas, como nomes de pessoas, organizações e locais.

7.2 Processamento de texto com Python

Python oferece uma variedade de bibliotecas para processamento eficiente de texto. A biblioteca `nltk` (Natural Language Toolkit) é uma das mais populares, fornecendo ferramentas para tokenização, stemming, marcação, análise e muito mais. Aqui está um exemplo de tarefas básicas de processamento de texto:

```python
import nltk
from nltk.tokenize import word_tokenize
from nltk.stem import PorterStemmer
from nltk.corpus import stopwords

# Sample text
text = "Python is an excellent language for NLP tasks."
# Tokenization
tokens = word_tokenize(text)

# Normalization (Stemming)
stemmer = PorterStemmer()
stemmed = [stemmer.stem(token) for token in tokens]

# Removing stopwords
nltk.download('stopwords')
filtered_words = [word for word in stemmed if word not in
stopwords.words('english')]

print("Original Tokens:", tokens)
print("Stemmed Tokens:", stemmed)
print("Filtered Tokens:", filtered_words)
```

7.3 Implementação de projectos de PNL com bibliotecas Python

Para projectos de PNL, bibliotecas como a **spaCy** e a **gensim** são incrivelmente úteis. **A spaCy** é conhecida pela sua velocidade e precisão, oferecendo capacidades robustas para várias tarefas de PNL:

```python
import spacy

# Load the pre-trained model
nlp = spacy.load("en_core_web_sm")
# Process a piece of text
doc = nlp("Apple is looking at buying U.K. startup for $1 billion")

# Named Entity Recognition
for ent in doc.ents:
    print(ent.text, ent.label_)
```

O `gensim` é particularmente adequado para tarefas como a modelação de
tópicos e a deteção de semelhanças:

```python
from gensim.summarization import summarize

text = "Python is great for machine learning. It has libraries like
TensorFlow and PyTorch that make it easy to do state-of-the-art machine
learning."
summary = summarize(text)

print(summary)
```

7.4 Análise de sentimentos e classificação de textos

A análise de sentimentos refere-se à utilização de PNL, análise de texto e
linguística computacional para identificar e extrair informações subjectivas
de materiais de origem. A classificação de textos envolve a categorização
de textos num conjunto de classes predefinidas.

A biblioteca **TextBlob** do Python simplifica a análise de sentimentos:

```python
from textblob import TextBlob

text = "I love Python because it's very versatile and has a supportive
community!"

testimonial = TextBlob(text)


print(testimonial.sentiment)
```

Para a classificação de textos, **o scikit-learn** fornece ferramentas e algoritmos poderosos:

```python
from sklearn.feature_extraction.text import TfidfVectorizer

from sklearn.naive_bayes import MultinomialNB

from sklearn.pipeline import make_pipeline


# Sample data

categories = ['news', 'sports', 'entertainment']

texts = [

    "The team secured a victory after a thrilling match.",

    "The movie premiere was a massive success, with a full star cast.",

    "Breaking news: A significant breakthrough in climate change
negotiations."

]

labels = [1, 2, 0]


# Model pipeline

model = make_pipeline(TfidfVectorizer(), MultinomialNB())

model.fit(texts, labels)
```

```python
# Predicting the category of a new text
new_texts = ["The championship will be held next month."]
predicted_category = model.predict(new_texts)[0]

print("The predicted category is:", categories[predicted_category])
```

Explorar a PNL com Python abre um vasto leque de possibilidades para analisar e interpretar grandes volumes de dados de texto. Ao tirar partido do extenso ecossistema de bibliotecas e ferramentas Python, pode desbloquear conhecimentos poderosos e automatizar tarefas linguísticas complexas, melhorando a eficiência e a inteligência das suas aplicações.

8.1 Introdução à aprendizagem por reforço

A Aprendizagem por Reforço (AR) é um tipo de aprendizagem automática em que um agente aprende a comportar-se num ambiente através da execução de acções e da observação dos resultados. Distingue-se pela sua capacidade de determinar automaticamente o comportamento ideal num contexto específico, com base no feedback sob a forma de recompensas. O objetivo é maximizar a recompensa cumulativa. Os principais componentes incluem o agente, o ambiente, a ação, o estado e a recompensa. A RL é amplamente utilizada em várias aplicações, como jogos, veículos autónomos, robótica, etc.

8.2 Construir ambientes de aprendizagem por reforço

Um ambiente de aprendizagem por reforço é o local onde o agente aprende e interage. O OpenAI Gym fornece um conjunto de ferramentas para desenvolver e comparar algoritmos de aprendizagem por reforço. Oferece uma coleção de ambientes que simulam diferentes tarefas ou situações do mundo real.

Criação de um ambiente de ginásio:

```python
import gym

# Create the environment
env = gym.make('CartPole-v1')

# Initialize the environment
state = env.reset()

for _ in range(1000):
    env.render()

    # Take a random action
    action = env.action_space.sample()

    # Step through the environment and get the new state, reward, done, and info
    state, reward, done, info = env.step(action)

    if done:
        env.reset()

env.close()
```

8.3 Modelos de aprendizagem profunda por reforço

A aprendizagem por reforço profundo combina redes neuronais com uma arquitetura de aprendizagem por reforço que permite aos agentes definidos por software aprender as melhores acções possíveis em cenários de ambiente virtual. Um modelo popular é o Deep Q-Network (DQN), que utiliza uma rede neural para aproximar a função de valor Q.

Implementação básica do DQN:

Devido à complexidade e ao custo computacional, não se apresenta aqui uma implementação completa do DQN. No entanto, a ideia geral envolve:

- Criar uma rede Q que preveja os valores Q para todas as acções num determinado estado.

- Utilizar a memória de repetição de experiências para armazenar experiências passadas e recolher amostras das mesmas para treinar a rede Q.

- Empregar uma estratégia epsilon-greedy para a exploração e o aproveitamento, em que o agente escolhe acções aleatórias com probabilidade epsilon e segue a rede Q caso contrário.

8.4 Estudos de casos e aplicações

A aprendizagem por reforço tem sido aplicada com êxito em vários domínios. Alguns estudos de caso e aplicações notáveis incluem:

- **AlphaGo**: Desenvolvido pela DeepMind, o AlphaGo é famoso por ter derrotado o campeão mundial no jogo de Go. Utilizou uma combinação de redes neurais profundas e técnicas de pesquisa em árvore, juntamente com um treino extensivo através da aprendizagem por reforço contra outros programas e contra si próprio.

- **Veículos autónomos**: A RL é utilizada para desenvolver políticas de condução para veículos autónomos. Ao interagir com um ambiente simulado, o modelo aprende a tomar decisões que podem mais tarde ser aplicadas à condução no mundo real.

- **Recomendações personalizadas**: Plataformas como a Netflix e o YouTube utilizam a RL para personalizar as recomendações de conteúdos. O sistema aprende a recomendar filmes ou vídeos que maximizam o envolvimento ou a satisfação do utilizador.

- **Robótica**: Na robótica, a RL pode ser utilizada para ensinar aos robôs novas competências a partir do zero, como andar, saltar ou apanhar objectos, recompensando comportamentos desejáveis.

A Aprendizagem por Reforço é um campo em rápido crescimento com potencial para revolucionar uma vasta gama de indústrias, fornecendo aos sistemas a capacidade de aprender e melhorar autonomamente a partir das suas acções. Python, com bibliotecas como Gym, TensorFlow e PyTorch, fornece um ambiente robusto para desenvolver e testar algoritmos de RL, tornando-o acessível para investigadores e programadores explorarem e inovarem com esta tecnologia.

Apêndices

A: Python para a ciência dos dados - Recursos adicionais

Para aqueles que procuram aprofundar a aplicação do Python na ciência de dados, aqui estão alguns recursos valiosos que abrangem livros, cursos online, tutoriais e comunidades:

- **Livros**:
    - "Python Data Science Handbook" de Jake VanderPlas
    - "Data Science from Scratch" por Joel Grus
    - "Python para análise de dados" por Wes McKinney
- **Cursos online**:
    - Coursera: "Python for Data Science and Machine Learning Bootcamp" por Jose Portilla
    - Udemy: "Python para Ciência de Dados e Bootcamp de Aprendizagem de Máquina" por Jose Portilla
    - edX: "Python for Data Science" da UC San Diego
- **Tutoriais e documentação**:
    - Documentação do Scikit-learn: Guias e tutoriais abrangentes sobre a utilização do Scikit-learn.
    - Documentação do Pandas: Documentação detalhada e tutoriais para a biblioteca Pandas.
    - Galeria Matplotlib: Exemplos e trechos de código para visualizações usando Matplotlib.
- **Comunidades e fóruns**:
    - Stack Overflow: Uma vasta comunidade de programadores onde pode procurar aconselhamento, partilhar conhecimentos e colaborar.
    - GitHub: Explore repositórios, colabore em projectos e ligue-se à comunidade global de programadores.
    - Comunidades do Reddit como r/datascience e r/learnpython.

B: Lista de verificação do projeto de aprendizagem automática

Embarcar num projeto de aprendizagem automática pode ser avassalador. Aqui está uma lista de verificação simplificada para o guiar ao longo do processo:

1. **Defina o problema**: articule claramente o que está a tentar resolver.

2. **Recolher os dados**: Recolha os dados necessários a partir das fontes disponíveis.

3. **Explorar os dados**: Efectue uma análise exploratória de dados (AED) para compreender os seus dados.

4. **Pré-processar os dados**: Limpe e prepare os seus dados para modelação.

5. **Dividir os dados**: Divida os seus dados em conjuntos de treino, validação e teste.

6. **Selecionar o modelo**: Escolha os modelos de aprendizagem automática adequados para treinar.

7. **Treinar o modelo**: Ajuste o seu modelo aos dados de treino.

8. **Ajustar hiperparâmetros**: Otimizar o modelo com a afinação de hiperparâmetros.

9. **Avaliar o modelo**: Avalie o desempenho do seu modelo no conjunto de validação.

10. **Teste o modelo**: Confirme o desempenho do seu modelo no conjunto de teste inédito.

11. **Implementar o modelo**: Implemente o seu modelo para utilização no mundo real.

12. **Monitorizar e manter**: Monitorizar continuamente o desempenho do modelo e actualizá-lo conforme necessário.

C: Glossário de termos

Um breve glossário de alguns termos comuns que pode encontrar na ciência dos dados e na aprendizagem automática:

- **Algoritmo**: Um conjunto de regras ou instruções dadas a um modelo de IA, ML ou ciência de dados para o ajudar a aprender com os dados.

- **Viés**: Erro introduzido no seu modelo devido a uma simplificação excessiva do algoritmo de aprendizagem automática.

- **Conjunto de dados**: Uma coleção de dados especificamente preparada para treinar ou testar algoritmos de aprendizagem automática.

- **Característica**: Uma propriedade ou caraterística individual mensurável de um fenómeno que está a ser observado.

- **Modelo**: A representação (modelo interno) de um fenómeno que um algoritmo de aprendizagem automática aprendeu.

- **Sobreajuste**: Um erro de modelação que ocorre quando uma função se ajusta demasiado bem a um conjunto limitado de pontos de dados.

- **Subadaptação**: Ocorre quando um modelo estatístico ou algoritmo de aprendizagem automática não consegue captar a tendência subjacente dos dados.

D: Respostas aos exercícios

Esta secção contém normalmente as soluções dos exercícios apresentados ao longo do livro. Uma vez que os exercícios não estão listados aqui, esta secção seria um espaço reservado para o autor preencher as respostas relevantes ou fornecer orientações sobre como abordar ou resolver os exercícios mencionados nos capítulos anteriores.

Os apêndices servem como um recurso valioso, enriquecendo a experiência de aprendizagem do leitor e fornecendo ferramentas para reforçar a sua compreensão de conceitos complexos em ciência de dados e aprendizagem automática com Python. Quer se trate de um principiante à procura de conhecimentos básicos ou de um profissional experiente que procura aprofundar os seus conhecimentos, estes recursos foram concebidos para apoiar a sua viagem na navegação pelo vasto panorama destas tecnologias transformadoras.

Referências

1. VanderPlas, J. (2016). *Python Data Science Handbook: Ferramentas essenciais para trabalhar com dados*. O'Reilly Media.

2. Grus, J. (2019). *Data Science from Scratch: Primeiros princípios com Python*. O'Reilly Media.

3. McKinney, W. (2017). *Python para análise de dados: Data Wrangling with Pandas, NumPy, and IPython*. O'Reilly Media.

4. Géron, A. (2019). *Aprendizado de máquina prático com Scikit-Learn, Keras e TensorFlow: conceitos, ferramentas e técnicas para construir sistemas inteligentes*. O'Reilly Media.

5. Raschka, S., & Mirjalili, V. (2019). *Aprendizado de máquina Python: Aprendizado de máquina e aprendizado profundo com Python, scikit-learn e TensorFlow 2*. Packt Publishing.

6. Goodfellow, I., Bengio, Y., & Courville, A. (2016). *Aprendizagem profunda*. MIT Press.

7. Bishop, C. M. (2006). *Reconhecimento de padrões e aprendizagem automática*. Springer.

8. James, G., Witten, D., Hastie, T., & Tibshirani, R. (2013). *Uma introdução à aprendizagem estatística: com aplicações em R*. Springer Publishing.

9. Murphy, K. P. (2012). *Machine Learning: Uma Perspetiva Probabilística*. The MIT Press.

10. Alpaydin, E. (2020). *Introdução à aprendizagem automática*. The MIT Press.

11. Sutton, R. S., & Barto, A. G. (2018). *Aprendizagem por reforço: Uma introdução*. The MIT Press.

12. Chollet, F. (2018). *Aprendizagem profunda com Python*. Publicações Manning.

13. Provost, F., & Fawcett, T. (2013). *Ciência de dados para negócios: What You Need to Know about Data Mining and Data-Analytic Thinking*. O'Reilly Media.

14. Burkov, A. (2019). *O livro de aprendizagem automática de cem páginas*. Andriy Burkov.

15.Fry, H., Hannah, M., & Wilson, T. (2021). *Olá mundo: Ser humano na era dos algoritmos*. W. W. Norton & Company.

16.Domingos, P. (2015). *The Master Algorithm: How the Quest for the Ultimate Learning Machine Will Remake Our World*. Basic Books.

17.Jordan, M. I., & Mitchell, T. M. (2015). *Machine Learning: Trends, Perspectives, and Prospects (Tendências, Perspectivas e Perspectivas)*. Science.

18.Lantz, B. (2019). *Aprendizado de máquina com R: técnicas especializadas para modelagem preditiva*. Packt Publishing.

19.Shalev-Shwartz, S., & Ben-David, S. (2014). *Compreendendo o aprendizado de máquina: From Theory to Algorithms*. Cambridge University Press.

20.Zaki, M. J., & Meira Jr, W. (2020). *Mineração e Análise de Dados: Conceitos Fundamentais e Algoritmos*. Cambridge University Press.

Printed by Books on Demand GmbH, Norderstedt / Germany